BEI GRIN MACHT SICH IHR WISSEN BEZAHLT

- Wir veröffentlichen Ihre Hausarbeit, Bachelor- und Masterarbeit

- Ihr eigenes eBook und Buch - weltweit in allen wichtigen Shops

- Verdienen Sie an jedem Verkauf

Jetzt bei www.GRIN.com hochladen und kostenlos publizieren

Bibliografische Information der Deutschen Nationalbibliothek:

Die Deutsche Bibliothek verzeichnet diese Publikation in der Deutschen National-
bibliografie; detaillierte bibliografische Daten sind im Internet über http://dnb.d-
nb.de/ abrufbar.

Impressum:

Copyright © 2018 GRIN Verlag
Druck und Bindung: Books on Demand GmbH, Norderstedt Germany
ISBN: 9783668862302

Dieses Buch bei GRIN:

https://www.grin.com/document/443193

Anonym

Leistung, Leistungserhebung und Leistungsbewertung in deutschen Schulen

Die Bewertung von mündlicher Leistung im Unterricht

GRIN Verlag

GRIN - Your knowledge has value

Der GRIN Verlag publiziert seit 1998 wissenschaftliche Arbeiten von Studenten, Hochschullehrern und anderen Akademikern als eBook und gedrucktes Buch. Die Verlagswebsite www.grin.com ist die ideale Plattform zur Veröffentlichung von Hausarbeiten, Abschlussarbeiten, wissenschaftlichen Aufsätzen, Dissertationen und Fachbüchern.

Besuchen Sie uns im Internet:

http://www.grin.com/

http://www.facebook.com/grincom

http://www.twitter.com/grin_com

Seminararbeit im Studiengang

Master Lehramt HRGe

Aufbaumodul Mathematikdidaktik

Masterseminar Fachdidaktik

Thema:
Mündliche Leistungsbewertung

Universität Duisburg-Essen

Wintersemester 2017/2018

Abgabedatum: 22.02.2018

Inhaltsverzeichnis

1. Einleitung

Mathematikunterricht bei Frau Sommer in der 7b. Regelmäßig werden hier zu Beginn einer Stunde Kurztests durchgeführt. Die Aufgaben dafür erstellen die Schüler abwechselnd selbst. Nach Durchführung der Tests werden die Lösungen der Aufgaben besprochen und die Schüler und Schülerinnen erhalten Noten für ihren Test. Für zwei Schüler verlief der heutige Kurztest nicht so gut. Sie haben eine Fünf. Doch keine Sorge: „Die Note würde ja noch mit zwei weiteren verrechnet, und Frau Sommer würde ihnen dann sagen, was sie als erste mündliche Note kriegen würden." (Zaborowski, Meier, & Breidenstein, 2011)

Leistungserhebung und Leistungsbewertung gehören zum Alltag jedes Schülers und jeder Schülerin, aber auch zum täglichen Berufsleben jeder Lehrkraft. Beide Aspekte nehmen im Schulleben neben der Vermittlung von Wissen und Kompetenzen einen hohen Stellenwert ein.

Im obigen Fallbeispiel lässt sich erkennen, dass Frau Sommer ein eigenes Verständnis von Leistungserhebung und mündlicher Leistungsbewertung hat, welche sie in ihrem Fachunterricht anwendet, um die Zensuren der Schülerinnen und Schüler zu ermitteln. Ob diese Vorstellung mit der Definition und dem Verständnis von Leistungserhebung und Leistungsbewertung in Literatur und Schulgesetz übereinstimmt, soll am Ende der folgenden Ausarbeitung diskutiert werden.

Um eine Diskussion zu ermöglichen und ein Fazit ziehen zu können, wird der Begriff Leistung zunächst definiert. Aufbauend darauf sollen Leistung, Leistungserhebung und Leistungsbewertung im Kontext Schule näher beleuchtet und mündliche Leistung als Begriff eingegrenzt werden.

Im weiteren Verlauf wird sich auf die Leistungserhebung und Leistungsbewertung in deutschen Schulen fokussiert. Hierbei werden Unterschiede zwischen den einzelnen Bundesländern verdeutlicht und ausgearbeitet. Im Anschluss daran erfolgt ein Vergleich mit der mündlichen Leistungsbewertung in Schulen anderer europäischer Länder, durch den Gemeinsamkeiten und Unterschiede herausgearbeitet werden.

Zuletzt werden noch Risiken der traditionellen Leistungsbewertung und die daraus folgende notwendige Reformierung der mündlichen Leistungsbewertung in deutschen Schulen thematisiert.

Schlussendlich wird dann das zu Beginn aufgeführte Beispiel von Frau Sommers mündlicher Leistungsbewertung unter den zuvor ausgeführten Aspekten beleuchtet und diskutiert.

2. Leistungsbewertung – Bezugsnormen und Funktion

Leistung wird im Allgemeinen definiert als „der Vollzug und das Ergebnis einer Tätigkeit, die mit Anstrengung verbunden, auf die Erlangung eines Ziels gerichtet und auf Gütemaßstäbe und Anforderungen bezogen ist" (Sacher W. , Leistungen entwickeln, überprüfen und beurteilen. Bewährte und neue Wege für die Primar- und Sekundarstufe, 2014).

Leistungserhebung kann auf unterschiedlichste Art erfolgen. Die Erhebung der Leistung wird meist über einen festgelegten Zeitraum anhand von festgelegten zu erreichenden Zielen durchgeführt. Am Ende der Leistungserhebung erfolgt dann die Leistungsbewertung.

Im Kontext Schule unterscheidet man verschiedene Leistungen. Je nach Bundesland werden schriftliche, mündliche und praktische Leistungen unterschiedlich verstanden. Dazu mehr in Kapitel 3. Diese Ausarbeitung konzentriert sich auf die Bewertung von mündlicher Leistung im Unterricht.

Doch was ist überhaupt mündliche Leistung und welche Teilbereiche zählen dazu?

Mündliche Leistungen sind alle Leistungen, die nicht punktuell erfolgen und während der Unterrichtszeit beobachtet werden können. Punktuelle Leistungen sind zum Beispiel Klassenarbeiten und Tests. Sie werden zu einem festgelegten Zeitpunkt mit einem festgelegten Erhebungszeitraum erhoben. Nicht punktuelle Leistungen werden vielmehr während der Unterrichtszeit beobachtet und teilweise auch als „sonstige Mitarbeit" neben den schriftlichen punktuellen Leistungen benannt (Sacher, W., Überprüfung und Beurteilung von Schülerleistungen, 2013; Kulow, 2011; Ministerium für Schule und Bildung des Landes NRW, 2014). Zu den Teilbereichen der mündlichen Leistung zählen also alle Kompetenzen, die der Lehrer oder die Lehrerin im Unterrichtsverlauf beobachten kann. Es geht dabei nicht nur um fachliche, sondern auch um sozial-kommunikative und methodisch-strategische Kompetenzen (Amt für Lehrerbildung, 2005). Rundum geht es um die gesamte Mitarbeit, die ein Schüler oder eine Schülerin im Unterricht zeigt und die beobachtet werden kann. Aus diesem Grund wird im Folgenden der Begriff „sonstige Mitarbeit verwendet, um alle zu beobachtenden und zu bewertenden Kompetenzen miteinzubeziehen. Wie schon erwähnt, ist der naheliegendste Weg, sonstige Mitarbeit zu bewerten, derjenige sie zu beobachten. Die Lehrkraft stellt dazu in ihrem Unterricht, wenn auch nur beiläufig, eine Situation auf, in der die Mitarbeit der Schülerinnen und Schüler beobachtet werden kann. Die Beobachtungen werden dann letztendlich bewertet. Es kommen dazu verschiedene Bezugsnormen infrage, anhand dessen die Leistungsbewertung erfolgt:

- *Soziale bzw. kollektive Bezugsnorm:*
  Wendet die Lehrkraft die soziale bzw. kriteriale Bezugsnorm an, so vergleicht er die Individualleistungen eines Schülers oder einer Schülerin mit den Leistungen der anderen

Schülerinnen und Schüler in der Gruppe. Nachteil dieser Bezugsnorm, dass die Konkurrenzverhalten unter den Gruppenmitgliedern provozieren kann, was sich negativ auf das Klassenklima und damit auf die Lernumgebung und die Leistung der Schülerinnen und Schüler auswirken kann.

- *Kriteriale Bezugsnorm:*
  Wendet die Lehrkraft diese Bezugsnorm an, um die Schülerleistungen zu bewerten, so erfolgt die Beurteilung auf Grundlage von zuvor festgelegten Kriterien. Im Idealfall sind diese Kriterien zu jedem Beobachtungszeitpunkt gleich und den Schülerinnen und Schülern bekannt. Außerdem sollte zuvor eine Mindestkompetenz festgelegt werden, „die erbracht werden muss, damit die Anforderungen als erfüllt bzw. die Lernziele als erreicht gelten" (Sacher W. , 2011). Die kriteriale Bezugsnorm ist in der Praxis aufgrund der Objektivität, Reliabilität und Validität am ehesten vertretbar.

- *Individuelle Bezugsnorm bzw. Entwicklungsnorm:*
  Wendet eine Lehrkraft diese Bezugsnorm an, um die Schülerleistungen zu bewerten, so beurteilt sie die Entwicklung des Schülers oder der Schülerin. Betrachtet wird dann der Lernfortschritt in Bezugnahme auf zuvor erbrachte Leistungen. Problematisch ist hierbei die Vermittlung und Transparenz für den Bewertenden. Aufgrund dessen kann es für den Schüler oder die Schülerin auch schwierig sein, die Bewertung nachzuvollziehen oder zu interpretieren. Des Weiteren ist diese Bezugsnorm sehr subjektiv und die Gefahr einer Verfälschung der Ergebnisse durch selektive Wahrnehmung ist größer (dazu mehr in Kapitel 5).
  (Sacher W. , Leistungen entwickeln, überprüfen und beurteilen. Bewährte und neue Wege für die Primar- und Sekundarstufe, 2014; Sacher W. , 2011)

Leistungsbewertung erfüllt des Weiteren wichtige Funktionen, sowohl für den Bewertenden als auch für das gesamt gesellschaftliche System. Einerseits erfüllt die Leistungsbewertung die gesellschaftliche Funktion der Selektion und der Allokation der Bewertenden (also in diesem Fall der Schülerinnen und Schüler). Die Schülerinnen und Schüler werden einerseits aufgrund ihrer Leistung sortiert (z.B. nach verschiedenen Schularten, Jahrgangsstufen oder Schulabschlüssen), andererseits werden sie auf gesellschaftliche und berufliche Positionen verteilt (Selektions- und Allokationsfunktion). Leistungsbewertung soll aber auch eine pädagogische Funktion übernehmen, die oft in den Hintergrund gerät. Die pädagogische Funktion beinhaltet in erster Linie eine Rückmeldung für den Schüler oder die Schülerin. Ziel ist dem Lernenden ein Feedback über seinen aktuellen Leistungsstand und seine bereits erreichten Kompetenzen zu geben, mit dessen Hilfe er sich weiterentwickeln kann. Dem Lernenden wird durch die Leistungsbewertung nämlich ebenfalls klar, in welchen Bereichen eventuell noch Verbesserungsbedarf herrscht. Dies wiederum soll/kann für Motivation sorgen, sich noch weiterentwickeln und verbessern zu wollen. Alles in Allem soll die Leistungsbewertung in Hinblick auf die pädagogische Funktion eine unterstützende Rolle im Entwicklungsprozess des Schülers oder der Schülerin einnehmen. Nicht außer Acht zu lassen ist, dass gesellschaftliche und pädagogische Funktionen zu erheblichen Spannungen im Schulalltag bringen können – sowohl für den, der bewertet als auch für den, der bewertet wird (Zaborowski, Meier, & Breidenstein, 2011).

3. Leistungsbewertung sonstiger Mitarbeit in deutschen Schulen

Im Folgenden Kapitel geht es um die Bewertung der sonstigen Mitarbeit in deutschen Schulen. Zur Einführung soll für das bessere Verständnis zunächst kurz die Gesetzeslage zur Leistungsbewertung vorgestellt werden. In Deutschland gilt bezüglich des Bildungssektors und des Schulsystems Eigenstaatlichkeit der Länder. Dies bedeutet, dass in jedem Bundesland ein eigens Schulgesetz mit eigenen Bestimmungen (auch zur Leistungsbewertung) gilt. Über das Schulgesetz werden alle Abläufe, Grenzen und Anforderungen an alle Beteiligten des Schulsystems vermittelt. Eines aber haben alle Schulgesetze gemeinsam: Sie orientieren sich am Grundgesetz. Das Grundgesetz besagt unter anderem in Artikel 3 Absatz 1 Grundgesetzbuch „Alle Menschen sind vor dem Gesetz gleich". Diese Aussage ist Grundlage für Leistungserhebung und -beurteilung, woraus sich letztendlich die Chancengleichheit ableiten lässt. Demnach muss der Prüfer oder die Prüferin gewährleisten, dass jeder Prüfling zur Zeit der Prüfung (oder für die Bewertung der sonstigen Mitarbeit für den Zeitraum der Bewertung) möglichst gleiche Bedingungen haben muss. Der Prüfende ist demnach auch dazu verpflichtet, ungleiche Bedingungen im Bewertungsprozess zu berücksichtigen (Kulow, 2011). Trotz der so genannten Schulhoheit, haben sich die Länder an gewisse Regelungen des Staates zu halten. Das 1964 von der Kultusministerkonferenz (KMK) geschlossene „Hamburger Abkommen" ist eine der wichtigsten länderübergreifenden Vereinbarungen, das unter anderem die Notengebung der Leistungen bestimmt. Im Hamburger Abkommen sind die folgenden Noten als Zeugniszensuren festgelegt:

- „Die Note „sehr gut" soll erteilt werden, wenn die Leistung den Anforderungen in besonderem Maße entspricht.
- Die Note „gut" soll erteilt werden, wenn die Leistung den Anforderungen in vollem Maße entspricht.

5

- Die Note „befriedigend" soll erteilt werden, wenn die Leistung im Allgemeinen den Anforderungen entspricht.
- Die Note „ausreichend" soll erteilt werden, wenn die Leistung zwar Mängel aufweist, aber im Ganzen noch den Anforderungen entspricht.
- Die Note „mangelhaft" soll erteilt werden, wenn die Leistung den Anforderungen nicht entspricht, jedoch erkennen lässt, dass die notwendigen Grundkenntnisse vorhanden sind und die Mängel in absehbarer Zeit behoben werden können.
- Die Note „ungenügend" soll erteilt werden, wenn die Leistung den Anforderungen nicht entspricht und selbst die Grundkenntnisse so lückenhaft sind, dass die Mängel in absehbarer Zeit nicht behoben werden können." (Kulow, 2011)

Einzelheiten der Notengebung oder darüber hinaus geltende Leistungsbewertungsverfahren werden meist in den einzelnen Schulgesetzen für jedes Land individuell festgelegt (Kulow, 2011).

Die Leistungserhebung der sonstigen Mitarbeit erfolgt ebenfalls, wie oben angedeutet, mit Berücksichtigung der Chancengleichheit. Normen zur Erhebung und Bewertung der sonstigen Mitarbeit gibt es nicht. Es gibt beispielsweise keine Aussage darüber, welche Bezugsnorm für die Leistungsbewertung genommen werden soll. Die Bewertung erfolgt durch eine permanente Leistungserhebung während des Unterrichtsverlaufs und hat einen informellen Charakter. Wie die Lehrkraft die sonstige Mitarbeit bewertet, bleibt ihr damit selbst überlassen. Bewertet werden soll das gesamt gezeigte Verhalten der Schülerinnen und Schüler. Arbeits- und Sozialverhalten sind nicht explizit von der Bewertung ausgeschlossen. Im Allgemeinen sind Schülerinnen und Schüler verpflichtet, an der Leistungserhebung mitzuwirken. Die Lehrkraft ist für die Bewertung der Leistung in seinem jeweiligen Fachunterricht zuständig. Die Benotung, die mit der Bewertung einhergehen kann, erfolgt in „pädagogischer Verantwortung" und im Rahmen „pädagogischen Beurteilungsspielraums" des Lehrers oder der Lehrerin (Kulow, 2011). Des Weiteren sind Lehrer und Lehrerinnen dazu verpflichtet, den Erziehungsberechtigten und den Schülerinnen und Schülern Auskunft über den aktuellen Leistungsstand zu geben, sofern dies gewünscht ist und auch zu informieren, sobald sich die Leistungen stark verändert haben oder den Anforderungen nicht mehr ausreichend entsprechen (Kulow, 2011).

Am Ende des Schuljahres oder des Halbjahres erhalten die Schülerinnen und Schüler die Bewertung ihrer in dem Zeitraum erbrachten Leistung über das ausgeteilte Zeugnis. Die Art und der Aufbau des Zeugnisses variieren je nach Schulform, Bundesland und Schule. Allen gemein ist die Transparenz, Verständlichkeit und der diagnostische Gehalt der Zeugnisse. Die Bewertungen können in Form von Zensuren, als Verbalbeurteilungen oder auch als Zensurzeugnis mit Kommentarbogen vermittelt werden. Auch hier haben die Bundesländer und die einzelnen Schulen individuelle Bestimmungen, wie die Zeugnisse formuliert sein müssen. Ist auf dem Zeugnis kein Platz für einen Kommentar zum Arbeits- und Sozialverhalten oder für eine Formulierung der sonstigen Mitarbeit, ist die sonstige Mitarbeit lediglich ein Teilbereich der Endnote. In diesem Fall fällt es dem Schüler oder der Schülerin schwer, die Bewertung seiner sonstigen Mitarbeit nachzuvollziehen. (Beutel, 2011).

Je nach Bundesland ist die Gewichtung und das Verständnis der Bewertung der sonstigen Mitarbeit verschieden. Im Folgenden sollen die Bestimmungen zur Leistungsbewertung sonstiger Mitarbeit einzelner Bundesländer bezugnehmend auf die Schulgesetze vorgestellt werden.

- *Nordrhein-Westfalen:*

  In Nordrhein-Westfalen wird die Gesamtleistungen in punktuelle und nicht punktuelle Leistungen unterteilt. Zu den punktuellen Leistungen gehören Klassenarbeiten, Tests, Wiederholungsarbeiten etc. (siehe auch Kapitel 1). Alle anderen Leistungen zählen zur sonstigen Mitarbeit im Unterricht. Nordrhein-Westfalen ist von den hier vorgestellten Bundesländern das Einzige, dass die Unterteilung der Gesamtleistung so vornimmt. Bezüglich der Reformierung der traditionellen Leistungsbewertung (s. Kapitel 6) ist diese Art der Leistungsunterteilung ziemlich fortschrittlich (Ministerium für Schule und Bildung des Landes NRW, 2014).

- *Bayern:*

  In Bayern werden die Leistungen im Fachunterricht grundsätzlich in schriftliche, mündliche und praktische Leistungen unterteilt. Wie genau sich diese Leistungen zusammensetzen bzw. woraus sie bestehen, wird nicht näher vertieft. Es ist lediglich angegeben, dass sich die Leistungserhebung und die zu bewertenden Leistungen an der Jahrgangsstufe und Schulform orientieren müssen. Im Schulgesetz sind die einzelnen Notenabstufungen angegeben, nicht jedoch, was genau in Hinblick auf die mündlichen Leistungen erbracht werden muss, um die jeweilige Note zu erreichen. Es wird weiter erwähnt, dass die Lehrkraft verpflichtet ist, die mündlichen Noten jederzeit bekannt zu geben, wenn dies erwünscht ist, und die Benachteiligung der Schülerinnen und Schüler bei der Bewertung zu berücksichtigen. Durch letzteres soll die Chancengleichheit gewährt werden (Bayerisches Staatsmin. für Bildung und Kultus, 2016).

- *Niedersachsen:*

  In Niedersachsens Schulgesetz ist noch einmal die Verpflichtung von Seiten der Schülerinnen und Schüler zur Ermöglichung der Leistungserhebung und Leistungsbewertung genannt. Es gibt zwar keinen einzelnen Abschnitt zur Leistungserhebung und -bewertung (wie in anderen Bundesländern), dennoch ist im Allgemeinen erklärt, dass auch die Selbsteinschätzung der Schülerinnen und Schüler mit in die Bewertung einfließen soll. Wie auch für das Land Nordrhein-Westfalen ist dieser Aspekt fortschrittlich in Hinblick auf die Reformierung der Leistungsbewertung (siehe Kapitel 6) (Niedersächsisches Kultusministerium, 2017).

- *Brandenburg:*
  Im Schulgesetz von Brandenburg ist festgehalten, dass sowohl der Leistungsstand als auch die Lernentwicklung der Schülerinnen und Schüler in die Bewertung miteinfließen soll. Außerdem soll die Mitarbeit im Unterricht gleichwertig zu allen anderen erbrachten Leistungen gewertet werden. Auch hier wird das Arbeits- und Sozialverhalten der Schülerinnen und Schüler auf den Zeugnissen einzeln festgehalten. Die Bewertung dessen kann durch Punkte, Noten oder verschriftliche Bemerkungen erfolgen (Brandenburgisches Kultusministerium, 2017).

- *Hessen:*
  Auch in Hessen werden Arbeits- und Sozialverhalten neben den sonst erbrachten Leistungen gesondert bewertet. Die Noten auf den Zeugnissen setzen sich aus mündlichen, schriftlichen und praktischen Arbeiten zusammen und können durch schriftliche Aussagen ergänzt werden (Hessisches Kultusministerium, 2017).

Zu sehen ist also, dass sich die Schulgesetze in den Bundesländern bezüglich der Leistungsbewertung, wenn auch nur minimal, unterscheiden. Außerdem unterscheiden sich die Länder in ihrer Fortschrittlichkeit bezüglich der Reformierung der Leistungsbewertung (siehe dazu Kapitel 6).

4. Leistungsbewertung von sonstiger Mitarbeit in anderen europäischen Ländern

Da es in Deutschland keine einheitlichen Regelungen zur Bewertung der sonstigen Mitarbeit gibt, ist es interessant den Blick auf das Leistungsbewertungssystem anderer Länder Europas zu werfen.

Im Folgenden werden Aspekte der mündlichen Leistungsbewertung von Österreich, der Schweiz, Großbritannien und Polen aufgeführt.

Österreich nimmt im Vergleich zu Deutschland fast schon eine Vorreiterstellung ein, was die Bewertung der Mitarbeit im Unterricht angeht. Alle Aspekte der Leistungsbewertung sind in der Leistungsbewertungsverordnung (LBVO) festgehalten (Neuweg, Schulische Leistungsbeurteilung. Rechtliche Grundlagen und pädagogische Hilfestellungen für die Schulpraxis, 2014). Der Bildungssektor wird in Österreich vom Staat kontrolliert und ist nicht wie in Deutschland auf die einzelnen Bundesländer aufgeteilt. Es gibt also eine eigene staatliche Verordnung, an die sich jeder Lehrer und jede Lehrerin halten muss. Alle hier reglementierten Aussagen sind Grundlage für die Leistungsbewertung und verpflichtend für jede Lehrkraft.

Hier ist die Mitarbeitsfeststellung als einzige verpflichtende Prüfungsform festgehalten, sofern im Lehrplan keine weiteren punktuellen Leistungen vermerkt sind. Unter der sonstigen Mitarbeit im Unterricht definiert man hier „die leistungsdiagnostisch relevanten Verhaltensäußerungen der Schülerinnen und Schüler im Gesamtbereich der Unterrichtsarbeit und der Hausübungen" (Neuweg, Rechtliche Speilräume und Grenzen der Leistungsüberprüfung und Leistungsbewertung in Österreich, 2011). Zu den Verhaltensäußerungen zählt die Mitarbeit in allen Arbeits- und Sozialformen (§4 LBVO). Es geht also nicht nur um die mündlichen Beiträge im Unterricht, sondern auch um die Sicherung des Unterrichtsertrages (z.b. in Form von Hausaufgaben), um die Erarbeitung neuer Lernstoffe (z.b. selbstständiges Bemühen), um das Erfassen und Verstehen von unterschiedlichen Sachverhalten und um die Fähigkeit, Erarbeitetes richtig einzuordnen und anzuwenden (Neuweg, Schulische Leistungsbeurteilung. Rechtliche Grundlagen und pädagogische Hilfestellungen für die Schulpraxis, 2014). Die Bewertung dieser Aspekte hat in Hinblick auf die Endnote das gleiche Gewicht wie die schriftlichen Leistungen. Um all diese Aspekte bei der Bewertung berücksichtigen zu können, und um allen Schülerinnen und Schülern eine Chance zu geben, im Unterricht mitzuarbeiten, ist die Lehrkraft verpflichtet, ein breites Spektrum an Arbeits- und Sozialformen anzubieten. Es werden zwar keine Aussagen zur Gewichtung dieser einzelnen Teilaspekte gemacht, jedoch werden diese noch einmal separat erklärt. Beispielsweise sollen Hausübungen nur die im Unterricht erarbeiteten Stoff festigen, jedoch nicht darüber hinausgehen. Weiter sollten diese nicht über das Wochenende oder die Ferien aufgegeben werden, da auf Belastbarkeit der Schülerinnen und Schüler Rücksicht genommen werden soll. In Gruppen- und Partnerarbeiten soll z.B. die Leistung des einzelnen Schülers oder der einzelnen Schülerin bewertet werden und nicht die Leistung der Gruppe (Neuweg, Schulische Leistungsbeurteilung. Rechtliche Grundlagen und pädagogische Hilfestellungen für die Schulpraxis, 2014).

Im Gegensatz zu Deutschland wird in Österreich kein Unterschied zwischen Leistungs- und Lernsituation gemacht. Die Bewertung der sonstigen Mitarbeit am Ende eines festgelegten Zeitraumes und in Form von ganzen Noten. Die Einstufungen der Noten sollen in der folgenden Tabelle dargestellt werden:

	Erfassung und Anwendung des Lehrstoffes; Durchführung der Aufgaben	Eigenständigkeit	Selbstständige Anwendung des Wissens und Könnens auf neuartige Aufgabe
sehr gut (1)	*weit über* das Wesentliche hinausgehendem Ausmaß	*deutlich* (wo dies möglich ist)	muss vorliegen (wo dies möglich ist)
gut (2)	in *über* das Wesentliche hinausgehendem Ausmaß	*merklich* (wo dies möglich ist)	bei entsprechender Anleitung (wo dies möglich ist)
befriedigend (3)	in den wesentlichen Bereichen zur *Gänze*	Mängel in der Durchführung der Aufgaben werden durch merkliche Ansätze ausgeglichen	nicht gefordert
genügend (4)	in den wesentlichen Bereichen *überwiegend*	nicht gefordert	nicht gefordert
nicht ausreichend (5)	*nicht* einmal in den wesentlichen Bereichen überwiegend	nicht gefordert	nicht gefordert

Tabelle 1: Die fünf Beurteilungsstufen in den Schulen Österreichs (Neuweg, Rechtliche Speilräume und Grenzen der Leistungsüberprüfung und Leistungsbewertung in Österreich, 2011)

In der ersten Spalte wird überwiegend ein reproduktiver Bereich angesprochen, die zweite und die dritte Spalte bewertet eher die anspruchsvolleren kognitiven Komponenten, wie z.B. die Fähigkeit zum Wissenstransfer. Auch die Bezugsnorm ist in Österreich festgelegt: da die soziale und individuelle Bezugsnorm gegen die Verordnung verstößt, erfolgt die Bewertung auf Grundlage der kriterialen Bezugsnorm (Neuweg, Rechtliche Speilräume und Grenzen der Leistungsüberprüfung und Leistungsbewertung in Österreich, 2011).

Die LBVO hält zudem fest, dass das Sozialverhalten des Schülers oder der Schülerin nicht mit in die Bewertung einfließen darf. Die Bewertung solle nicht den Charakter eine Disziplinarmaßnahme haben.

In der *Schweiz* gibt es hingegen das Problem, dass es kaum Bestimmungen zur Leistungsbewertung der Schülerinnen und Schüler gibt, sodass sich ein großer Handlungsspielraum für die Lehrkräfte ergibt. Vorschriften durch den Bund gibt es kaum, das Schulrecht liegt eher auf Ebene der Kantone, die vergleichbar mit den Bundesländern in Deutschland sind. Die Leistungserhebung und die Leistungsbewertung sollen sich lediglich an den Lehrzielen der Lehrpläne orientieren, wobei selbst diese nicht einheitlich und nur schwammig formuliert sind. Einzelne Kantone haben Bestimmungen zur Leistungsmessung, wie z.b., dass die Bewertung förderorientiert, lernzielorientiert, umfassend und transparent sein soll. Die genaue Definition dieser Bestimmungen ist jedoch ebenfalls schwammig (Stopper-Weder, 2011).

Die Leistungsbewertung in *Großbritannien* beschränkt sich größtenteils auf die schriftlichen Arbeiten am Ende der Key Stages. Diese können ähnlich verstanden werden, wie die Progressionsstufen im Kernlehrplan. Für die sonstige Mitarbeit im Unterricht können noch Kommentare verfasst werden, die dann als Zusatz auf dem Zeugnis erscheinen. Die Bewertung erfolgt also für die sonstige Mitarbeit in schriftlicher Form und enthält auch Arbeits- und Sozialverhalten. Im Allgemeinen fällt jedoch die sonstige Mitarbeit nicht so sehr ins Gewicht wie die schriftlichen Leistungen (Department for Education, 2014).

Ähnlich erfolgt dies auch in *Polen*. Das Arbeits- und Sozialverhalten, das der Schüler oder die Schülerin im Unterricht zeigt, bekommt hier durch ein eigenes Bewertungssystem besondere Aufmerksamkeit. Beurteilt wird das Verhalten über eine sechsstufige Notenskala. Es treten dabei folgende Abstufungen auf:

- musterhaft
- sehr gut
- gut
- richtig
- unangemessen
- tadelhaft (Steier, 2010)

5. Risiken der traditionellen Leistungsbewertung von sonstiger Mitarbeit

Die Tatsache, dass es in Deutschland für die Leistungsbewertung so gut wie keine Normen oder Richtlinien gibt, birgt viele Risiken, die im Folgenden erörtert werden sollen. Zunächst muss erst einmal das Problem aufgeführt werden, dass der Beobachtungszeitraum pro Schüler oder Schülerin in einer Unterrichtsstunde ziemlich gering und die Anzahl der zu beobachtenden Schülerinnen und Schüler zu groß für eine Lehrkraft allein sind (Sacher W. , Leistungen entwickeln, überprüfen und beurteilen. Bewährte und neue Wege für die Primar- und Sekundarstufe, 2014). Des Weiteren ist es für die Lehrkraft schwer, eine Bewertungssituation zu schaffen, die nicht konstruiert oder simuliert ist. Schülerinnen und Schüler bemerken meist, wenn sie beobachtet werden, was sie verunsichern und das Ergebnis verfälschen kann. Aber auch die Beobachtung während des Instruierens, also beiläufig zum Unterrichtsgeschehen, ist nicht risikolos. Da die Lehrkraft ihre Aufmerksamkeit nicht voll und ganz der Beobachtung und Bewertung der Schülerinnen und Schüler widmen kann, geht sie Gefahr ein, ihre Wahrnehmungen zu selektieren. Dabei können Urteilsfehler auftreten:

- *Inferenzen im Urteil (Voreingenommenheit):*
  - o *Reihungsfehler:*
    Reihungsfehler treten auf, wenn vorangehende Urteile die aktuellen Beurteilungen beeinflussen. Dieser Urteilsfehler kann zum Beispiel auftreten, wenn Klassenarbeiten korrigiert werden. So werden durchschnittliche Leistungen beispielsweise besser bewertet, wenn zuvor eher unterdurchschnittliche Leistungen erbracht wurden. Diesem Urteilsfehler kann man entgegenwirken, indem man z.b. nicht ganze Klassenarbeiten am Stück korrigiert, sondern immer nur eine Aufgabe pro Schüler oder Schülerin.

  - o *Logische Fehler:*
    Wenn ein Schüler oder eine Schülerin bereits Leistung in einem anderen Bereich erbracht hat (z.b. in einer Fremdsprache), so kann das dazu führen, dass von dieser Bewertung auf die nun zu beurteilende Leistung (z.b. in einer Naturwissenschaft) voreilig geschlossen wird.

  - o *Halo Effekt:*
    Der Halo-Effekt tritt dann auf, wenn die Leistungsbeurteilung durch andere prägnante Merkmale oder den Gesamteindruck negativ oder positiv beeinflusst wird. So werden attraktiven Menschen oft auch höhere Kompetenzen zugesprochen. Kleidung, Auftreten oder Sprachkenntnisse können ebenfalls das Urteil über eine kognitive Leistung beeinflussen. (Sacher W. , 2011)

- *Ungleichmäßiges Ausschöpfen des Beurteilungsspektrums:*

  Wird das Beurteilungsspektrum ungleichmäßig ausgeschöpft, so kann es beispielsweise zu Milde- oder Strengefehlern, zur Tendenz zur Mitte oder zur Tendenz zu Extremen kommen. In diesen Fällen ist die Verteilung der Bewertungen unverhältnismäßig und überdurchschnittlich einseitig. (Sacher W. , 2011)

Befindet man sich selbst in der Position zu bewerten ist es in erster Linie bereits hilfreich, sich über mögliche Risiken und Urteilsfehler bewusst zu werden und die eigenen Urteile immer kritisch zu hinterfragen. Auch ein Austausch mit Kollegen kann hilfreich sein, um eventuell selektierte Beobachtungen auszugleichen und mit in das Bewertungsspektrum aufzunehmen.

6. Ansätze zur Reformierung der Leistungsbewertung sonstiger Mitarbeit Seit der

Nach der Auswertung der TIMSS wurde deutlich, dass der naturwissenschaftliche und mathematische Unterricht reformiert werden muss. Eine Reformierung des Lerninhalts hat bereits stattgefunden und findet sich heute in den durch die KMK beschlossenen Kernlehrplänen wieder. Doch neben der Reform und Überarbeitung der Lerninhalte steht jetzt auch eine Anpassung der Leistungserhebung und -beurteilung im Fokus. Die Problematik besteht darin, dass die traditionelle Leistungserhebung und -bewertung nicht ausreichend auf die zu vermittelnden Kompetenzen abgestimmt sind. Eine Reform der Leistungserhebung und -bewertung muss demnach stattfinden, um mit ihr wieder ausreichende Informationen über den Lernstand eines Schülers oder einer Schülerin aussagen zu können (Amt für Lehrerbildung, 2005).

Für die Weiterentwicklung dieser Kompetenzabfrage sind bereits mehrere Ansätze und Ideen gefunden worden, die im Folgenden vorgestellt werden sollen.

Um eine konstruierte und simulierte Bewertungssituation zu vermeiden, schlägt Sacher vor, die Erhebung und Bewertung der sonstigen Mitarbeit durch einen Dritten durchführen zu lassen. Diese Art ist schwer in den Schulalltag zu integrieren und lässt sich eventuell noch im Teamteaching durchführen.

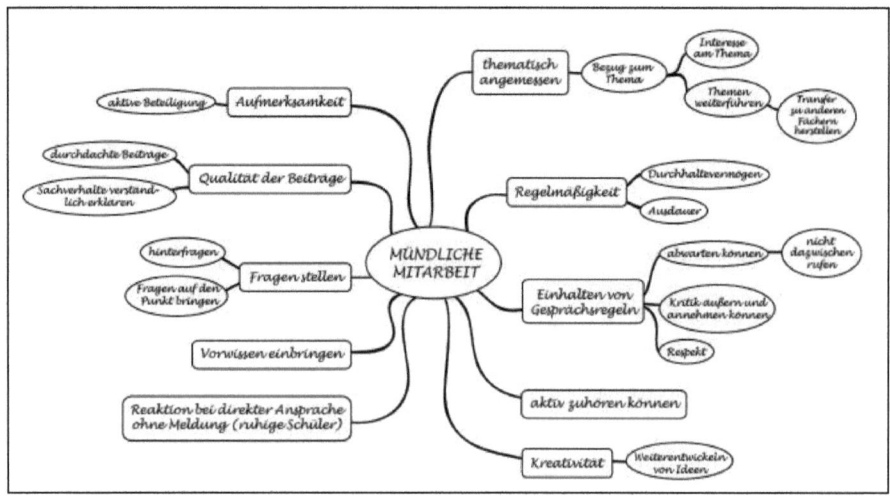

Abb. 1: Mind-Map mit Teilbereichen und Kriterien zur sonstigen Mitarbeit (Krummwiede)

Weiter kann die Leistungserhebung und -bewertung verbessert werden, wenn sich auf zuvor festgelegte Kriterien bezogen wird (kriteriale Bezugsnorm), sodass die Bewertung für die Lehrkraft vereinfacht und andererseits für den Schüler oder die Schülerin transparenter und nachvollziehbarer werden könnte. Den festgelegten Kriterien sollten dann an den Anforderungsniveaus wie zum Beispiel den Kompetenzen orientiert sein. Für die Leistungsbewertung könnten unter anderem Bewertungsraster genutzt werden, in denen Abstufungen durch z.b. ++, +, -, -- gekennzeichnet werden (Sacher W. , 2011).

Als Alternative dazu könnten die Kriterien auch mit den Schülerinnen und Schülern gemeinsam (z.b. in Form einer Mind-Map, siehe Abb. 1) erarbeitet und anschließend in einen Bewertungsbogen übertragen werden. Die Schülerinnen und Schüler bekommen somit einen Einblick in die Vielfalt der einzelnen Teilbereiche von sonstiger Mitarbeit und erhalten ein Gefühl für die Scherpunkte dieser. Dies könnte die Transparenz gegenüber den Schülerinnen und Schülern und ihre Eigenverantwortung für die Erbringung der Teilleistungen steigern (Krummwiede). Als Beispiel kann hierzu die Mitarbeit von Schülerinnen und Schülern in Gruppen- und Partnerarbeit beleuchtet werden. In Gruppen- oder Partnerarbeit kommt es häufig dazu, dass sich nicht alle Gruppenmitglieder oder nicht beide Partner an der Erstellung und Erarbeitung des Ergebnisses beteiligen. Grund dafür ist häufig, dass die Schülerinnen und Schüler denken, bewertet würde nur das Ergebnis und nicht auch ihre Beteilung am Prozess. Würden sie jedoch mit in den Bewertungsprozess miteinbezogen und ihnen diese Tatsache vermittelt werden, so könnte das bewirken, dass sich die Schülerinnen und Schüler eher am Gruppengeschehen beteiligen (Krummwiede).

Weitere Vorschläge beinhalten die Ergänzung der Fremdeinschätzung durch die Lehrkraft mit der Selbsteinschätzung durch den Schüler oder die Schülerin selbst. Teil der neuen Lernkultur ist nämlich die Erziehung der Schülerinnen und Schüler zur Mündigkeit. Sie sollen dabei unterstützt werden zu lernen, wie sie den Lernprozess selbst gestalten können. Sacher geht darüber hinaus und definiert Mündigkeit nicht nur über die Gestaltung des Lernprozesses, sondern auch über die Bewertung der eigenen Leistung (Sacher W. , Überprüfung und Beurteilung von Schülerleistungen, 2013). Damit soll eine Beobachtungs- und Bewertungskompetenz ausgebildet werden (Sacher W. , Überprüfung und Beurteilung von Schülerleistungen, 2013; Amt für Lehrerbildung, 2005). Für die Vermittlung dieser Kompetenz sollen die Schülerinnen und Schüler unterstützt und begleitet werden, ihren eignen Lernprozess bereits währenddessen zu beobachten und zu reflektieren. Dies kann z.B. durch regelmäßige Gespräche getan werden, die von der Lehrkraft und dem Schüler oder der Schülerin geführt werden. Es handelt sich dabei also nicht um eine summative Leistungsüberprüfung, die sonst am Ende einer Lerneinheit erfolgt, sondern um eine formative Bewertung, die den Lernprozess begleitend durchgeführt wird. Es handelt sich jedoch nicht wirklich um eine Bewertung, sondern eher um eine Rückmeldung, die dem Schüler oder Schülerin ermöglichen soll, eigene Stärken und Schwächen zu erkennen, um sich weiterzuentwickeln. Dies wiederspricht damit auch nicht der Unterscheidung von Lern- und Leistungssituation (Amt für Lehrerbildung, 2005).

Alles in Allem muss für diese Reformierung der Leistungsbegriff neu konstruiert werden: Leistung ist nicht nur produkt- sondern auch prozessorientiert und entsteht beim individuellen aber auch beim sozialen Lernen (Amt für Lehrerbildung, 2005).

Um die Bewertung dieses komplexen Gebildes vorzunehmen, können Bewertungsbögen genutzt werden. Herkömmliche Bewertungsraster fokussieren sich größtenteils auf kognitive Lernziele. Diese müssten erweitert werden durch die Abfrage und Beobachtung von sozial-kommunikativen und methodisch-strategischen Aspekten. Im Anhang befindet sich ein Bewertungsbogen, der beispielsweise genutzt werden könnte, um die sonstige Mitarbeit der Schülerinnen und Schüler umfassend zu beurteilen (Amt für Lehrerbildung, 2005).

7. Fazit

Zu Beginn der Ausarbeitung wurde Frau Sommer vorgestellt, die die mündlichen Noten der Schülerinnen und Schüler mithilfe von Kurztests bestimmt. Diese Leistungsbewertungsmethode soll nun auf Grundlage der in den übrigen Kapiteln genannten Aspekte diskutiert werden.

Frau Sommer nutzt punktuelle Leistungserhebung, um eine Note für die mündliche Mitarbeit ihrer Schülerinnen und Schüler zu geben. Da die Leistungsbewertung außerdem nur auf den Kurztests basiert, ist sie ziemlich einseitig und nicht wie vom Schulgesetz gefordert umfassend. Egal in welchem Bundesland Frau Sommer unterrichtet, ihre Leistungsbewertung im Fach Mathematik besteht letztendlich nur auf der Grundlage von schriftlichen Leistungen der Schülerinnen und Schüler. Eine mündliche oder praktische Leistung oder sonstige Mitarbeit wird von ihr nicht erhoben oder beobachtet und auch nicht bewertet.

In Hinblick auf die Forderung nach Reformierung der Bewertung sonstiger Mitarbeit, berücksichtigt ihre Bewertungsmethode auch nicht die Chancengleichheit, da nicht jedem Schüler oder jede Schülerin durch verschiedene Arbeits- und Sozialformen die Mitarbeit am Unterricht ermöglicht wird. Eine Selbsteinschätzung der Schülerinnen und Schüler erfolgt nicht und wird auch nicht in den Bewertungsprozess miteinbezogen. Frau Sommer bewertet zwar nach zuvor festgelegten Kriterien (Punktevergabe im Kurztest), doch da die Bewertungsmethode nur punktuelle Leistungen berücksichtigt, haben diese Kriterien für alle übrigen Leistungen der Schülerinnen und Schüler keine Relevanz. Die Lernenden werden nur insofern in den Bewertungsprozess miteinbezogen, als dass sie die Aufgaben des Kurztests selbst stellen müssen. Kriterien werden nicht gemeinsam erarbeitet.

Alles in Allem bewertet Frau Sommer keine sonstige Mitarbeit ihrer Schülerinnen und Schüler, weder auf traditionelle, noch auf überarbeitete Art und Weise.

Literaturverzeichnis

Amt für Lehrerbildung. (2005). Leistungen ermitteln, bewerten und rückmelden. Qualitätsinitiative SINUS. Weiterenwicklung des Unterrichts in Mathematik und den naturwissenschaftlichen Fächern. *Materialien zur Schulentwicklung, Heft 39.*

Bayerisches Staatsmin. für Bildung und Kultus. (2016). *Bayerisches Gesetz über das Erziehungs- und Unterrichtswesen.*

Beutel, S. (2011). Zeugnisse und Lernberichte: Zwischen Standardisierung und individualisierender Anerkennung. In W. F., & W. Sacher, *Dieganose und Beurteilung von Schülerleistungen* (S. 49-71). Baltmannsweiler: Schneider Verlag Hohengehren.

Brandenburgisches Kultusministerium. (2017). *Brandenburgisches Schulgesetz.* Potsdam.

Department for Education. (2014). *International Curriculum in England. Key stages 3 and 4 framework document.*

Fiegert, M., & Solzbacher, C. (2001). Alternative Schulen - alternative Leistungsbeurteilung. In C. Solzbacher, & C. (. Freitag, *Anpassen, verändern, abschaffen? Schulische Leistungsbewertung in der Diskussion* (S. 289-312). Bad Heilbrunn: Verlag Julius Klinkhardt.

Freitag, C. (2001). Die Schulreform in England und ihre Auswirkungen auf die Leistungsbewertung. In C. Solzbacher, & C. (. Freitag, *Anpassen, verändern, abschaffen? Schulische Leistungsbewertung in der Diskussion* (S. 59-76). Bad Heilbrunn: Verlag Julius Klinkhardt.

Hessisches Kultusministerium. (2017). *Hessisches Schulgesetz.*

Krummwiede, S. W. (kein Datum). *Mündliche und praktische Leistungen bewerten - Sekundarstufe - Das Praxisbuch.* Donauwörth: Auer Verlag - AAP Lehrbuchverlage GmbH.

Kulow, A. (2011). Rechtliche Spielräume und Grenzen der Leistungsüberprüfung und Leistungsbewertung in Deutschland. In F. Winter, & W. Sacher, *Diagnose und Beruteilung von Schülerleistungen* (S. 73-82). Baltmannsweiler: Schneider Verlag Hohengehren.

Matthies, A., & Skiera, E. (2008). *Das Bildungswesen in Finnland - Geschichte, Struktur, Institutionen und pädagogisch-didaktische Konzeptionen, bildungs- und sozialpolitische Perspetiven.* Bad Heilbrunn: Verlag Julius Klinkhardt.

Meisterjahn-Knebel, G. (2001). Leistungserziehung, Leistungsbewertung und Montessori-Pädagogik. In C. Solzbacher, & C. (. Freitag, *Anpassen, verändern, abschaffen? Schulische Leistungsbewertung in der Diskussion* (S. 273-288). Bad Heilbrunn: Verlag Julius Klinkhardt.

Ministerium für Schule und Bildung des Landes NRW. (2014). *Schulgesetz für das Land Nordrhein-Westfalen.*

Neuweg, G. H. (2011). Rechtliche Speilräume und Grenzen der Leistungsüberprüfung und Leistungsbewertung in Österreich. In F. Winter, & W. Sacher, *Diagnose und Beurteilung von Schülerleistungen* (S. 83-96). Baltmannsweiler: Schneider Verlag Hohengehren.

Neuweg, G. H. (2014). *Schulische Leistungsbeurteilung. Rechtliche Grundlagen und pädagogische Hilfestellungen für die Schulpraxis.* Linz: TRAUNER Verlag.

Niedersächsisches Kultusministerium. (2017). *Das Niedersächsische Schulgesetz.*

Sacher, W. (1984). *Praxis der Notengebung. Hilfen für den Schulalltag.* Bad Heilbrunn: Verlag Julius Klinkhardt.

Sacher, W. (2011). Durchführung der Leistungsüberprüfung und Leistungsbeurteilung. In F. Winter, & W. Sacher, *Diagnose und beurteilung von Schülerleistungen* (S. 27-48). Baltmannsweiler: Schneider Verlag Hohengehren.

Sacher, W. (2013). Überprüfung und Beurteilung von Schülerleistungen. In Haag, Rahm, Appel, & Sacher, *Studienbuch Schulpädagogik* (S. 304-324). Bad Heilbrunn: Verlag Julius Klinkhardt.

Sacher, W. (2014). *Leistungen entwickeln, überprüfen und beurteilen. Bewährte und neue Wege für die Primar- und Sekundarstufe.* Bad Heilbrunn: Verlag Julius Klinkhardt.

Sacher, W., & Winter, F. (2011). *Diagnose und Beurteilung von Schülerleistungen.* Baltmannsweiler: Schneider Verlag Hohengehren.

Steier, S. (5. Oktober 2010). *Polen-Analysen. Das polnische Schulsystem.* Von Eine Bilanz der polnischen Schulpolitik seit 1989: http://www.laender-analysen.de/polen/ abgerufen

Stopper-Weder, M. (2011). Rechtliche Spielräume und Grenzen der Leistungsüberprüfung und Leistungsbewertung in der Schweiz. In F. Winter, & W. Sacher, *Diagnose und Beurteilung von Schülerleistungen* (S. 97-108). Baltmannsweiler: Schneider Verlag Hohengehren.

Zaborowski, K., Meier, M., & Breidenstein, G. (2011). *Leistungsbewertung und Unterricht: Ethnographische Studien zur Bewertungspraxis in Gymnasien und Sekundarschulen.* Wiesbaden: VS Verlag für Sozialwissenschaften/ Springer Fachmedien Wiesbaden GmbH.